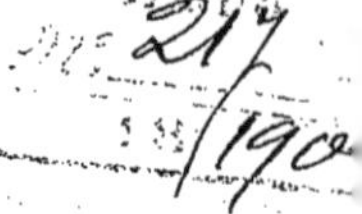

SCHNEIDER & Cie

LE PONT ALEXANDRE III
A PARIS

PONT ROULANT DE MONTAGE — MONTAGE DES ARCS

Extrait des *Nouvelles Annales de la Construction*
Juillet, Octobre et Novembre 1899.

PARIS
LIBRAIRIE POLYTECHNIQUE, Ch. BÉRANGER, ÉDITEUR
Successeur de BAUDRY et Cie
15, RUE DES SAINTS-PÈRES, 15
MÊME MAISON A LIÈGE, 21, RUE DE LA RÉGENCE

1900

LE PONT ALEXANDRE III

A PARIS

LE PONT ALEXANDRE III. — Vue d'ensemble.

SCHNEIDER & Cie

LE PONT ALEXANDRE III
A PARIS

PONT ROULANT DE MONTAGE — MONTAGE DES ARCS

Extrait des *Nouvelles Annales de la Construction*
Juillet, Octobre et Novembre 1899.

PARIS
LIBRAIRIE POLYTECHNIQUE, Ch. BÉRANGER, ÉDITEUR
Successeur de **BAUDRY** et Cie
15, RUE DES SAINTS-PÈRES, 15
MÊME MAISON A LIÈGE, 21, RUE DE LA RÉGENCE

1900

LE PONT ALEXANDRE III
A PARIS

HISTORIQUE ET DESCRIPTION SOMMAIRE

(Pl. XXV-XXVI)

Historique de l'ouvrage. — Il y a longtemps déjà qu'on avait eu l'idée de relier, par un pont jeté sur la Seine, les Champs-Elysées à l'esplanade des Invalides ; un pont suspendu fut édifié sous la Restauration dans le prolongement de l'axe de l'avenue centrale des Invalides ; cet ouvrage, construit sur les plans de Navier, fut démoli en 1828 sans avoir été mis en service, et remplacé par le pont suspendu de l'allée d'Antin ; celui-ci, transformé en 1854 en pont en maçonnerie, est devenu le pont des Invalides.

La démolition du pont suspendu de Navier fut décidée à la suite d'un accident qui avait compromis la solidité des contreforts de la rive droite, et sur les vives réclamations du Conseil municipal de Paris contre l'emplacement adopté pour le pont, dont les colonnes d'appui des chaînes masquaient la façade de l'Hôtel des Invalides, et surtout contre l'exécution d'une portion de route au travers du grand carré des Champs-Elysées.

Lorsque l'on est revenu, à propos de l'établissement de l'Exposition de 1900, à l'idée du pont reliant les deux rives de la Seine au droit de l'esplanade des Invalides, on s'est trouvé aux prises avec des difficultés d'ordre esthétique et d'ordre technique résultant des conditions suivantes auxquelles l'ouvrage doit satisfaire :

1° Ne pas gêner la perspective des Invalides vue des Champs-Elysées ;

2° Ne pas nuire à l'aspect de la Seine vue du pont de la Concorde ;

3° Présenter une largeur en proportion avec celle de l'avenue de 100 *m* conduisant des Champs-Elysées à l'esplanade des Invalides et des dispositions symétriques dans le lit du fleuve, transformé lui-même en une sorte de bassin de l'Exposition.

D'autre part, ce pont se trouvera placé à l'aval d'un coude dont l'effet est de porter le courant sur la rive droite, et à l'amont du pont des Invalides, et à si faible distance de ce dernier que les convois de bateaux se trouveront engagés simultanément sous les deux ponts.

Cette situation est fâcheuse, et la marine a fait remarquer qu'il était nécessaire, en raison de la dislocation qui se produit dans les convois au passage des ponts à arches multiples, et de l'impossibilité de les redresser dans l'intervalle compris entre le pont des Invalides et le pont Alexandre III, que ce dernier fût établi sans aucune pile en rivière; de plus, à cause de la déviation vers la rive droite des convois descendants produite par le courant, la largeur de la passe praticable doit être assez grande pour ne pas gêner leur redressement à l'entrée du pont des Invalides.

Ces conditions sont inconciliables avec les premières, et les ingénieurs, en adoptant un ouvrage à arche unique très surbaissée aussi élevé au-dessus de l'eau que les conditions de perspective le permettaient, n'ont pas laissé ignorer les conséquences que son adoption pourrait entraîner au point de vue de la navigation ; mais cette solution était la seule qui permît de satisfaire aux conditions d'ordre esthétique, les plus importantes dans ce cas.

Les projets ont été approuvés à la date du 20 janvier 1897 pour les fondations, et à celle du 13 juillet 1897 pour la partie métallique ; des projets complémentaires ont été approuvés à des dates ultérieures, pour les maçonneries en élévation, et pour la couverture métallique des parties accessoires des bas-ports. La partie décorative a été spécialement étudiée par MM. Cassien, Bernard et Cousin, architectes désignés par la direction des services d'architecture de l'Exposition, et l'ensemble n'en a été approuvé que le 3 janvier 1898. Tous les projets ont été étudiés sous la haute direction de M. l'ingénieur en chef Résal, secondé par M. l'ingénieur Alby.

Dispositions générales de l'ouvrage. — L'ouvrage est un arc à trois articulations avec viaducs de raccordement sur les bas-ports; les dispositions principales sont les suivantes (voir pl. 25-26) :

L'axe longitudinal du pont coïncide avec celui de la nouvelle avenue coupant l'axe de la voie navigable sous un angle de 83°38', peu différent d'un angle droit ;

La distance des parapets des quais actuels de la Seine, qui est de 155 *m*, est divisée en trois parties : le lit de la Seine occupe la partie centrale entre deux bas-ports de 22,50 *m* chacun de largeur; les culées du pont font une légère saillie sur les murs des bas-ports de sorte que le débouché linéaire du pont est de 109 *m* entre les nus des culées. Comme les coussinets qui portent les rotules font saillie de 0,75 *m* sur les nus des culées, les articulations des naissances sont distantes de 107,50 *m* d'axe en axe.

Le viaduc sur bas-port comporte sur chaque rive une première travée donnant passage à une voie de service qui relie les parties de quai situées en amont et en aval du pont ; les deux autres travées sont engagées dans un ensemble de maçonneries décoratives formant saillie sur la ligne des quais.

En arrière de l'alignement des quais, une tranchée couverte contourne la culée du pont pour donner passage aux déviations provisoires des voies publiques pendant la durée de l'Exposition.

La largeur du pont mesurée normalement à l'axe est de 40 *m* entre garde-corps; elle se partage entre une chaussée centrale de 20 *m* et deux trottoirs de 10 *m* chacun ; ces trottoirs sont élargis à l'entrée du pont au droit des parties décoratives formant terrasses, et ils reçoivent les escaliers d'accès aux bas-ports.

Le profil en long de la chaussée se compose, au-dessus de l'arc, de deux déclivités en sens contraire de 0,02 *m* par mètre, raccordées au sommet par un arc de cercle de 32 *m* de corde et de 800 *m* de rayon ; ces déclivités s'adoucissent au-dessus des viaducs et se raccordent avec le profil de l'avenue (fig. 2, pl. 25-26 et fig. 3, pl. 29-30, août 1899).

Il a été établi de telle sorte que le regard de l'observateur placé dans l'axe de l'avenue des Champs-Elysées et rasant le sommet de la chaussée, vînt passer au pied des Invalides.

Le bombement de la chaussée du pont est de 0,20 *m*, représentant seulement $\frac{1}{100}$ de la largeur; le profil en est parabolique, de sorte que la déclivité est de 4 p. 100 près des caniveaux; la pente transversale des trottoirs ne dépasse pas 0,035 par mètre.

L'ossature métallique du pont comprend quinze fermes également espacées ; les arcs sont en acier moulé, la superstructure en acier laminé, et les parties décoratives, en fonte.

Le niveau du pont étant défini rigoureusement, ainsi qu'il a été dit plus haut, les retombées des arcs sont placées à une faible hauteur au-dessus du plan d'eau; les axes des articulations sont à la cote (29,25), soit 2,25 *m* au-dessus de la retenue normale de 27 *m*, et celui de l'articulation de la clé, à la cote (35,53), soit à 8,53 *m* au-dessus de la même retenue normale, et à 6,83 *m* au-dessus des plus hautes eaux navigables; le surbaissement de l'arc mesuré entre articulations est de $\frac{1}{17,12}$.

Le pont Mirabeau est le seul qui, dans la traversée de Paris offre une arche comparable à celle du pont Alexandre III.

Stabilité générale de l'ouvrage. — Nature du sous-sol. — Comme l'arc du pont Alexandre III est très surbaissé, il exerce sur les culées des poussées considérables; pour les atténuer, on a cherché à donner à l'ossature le maximum de légèreté compatible avec la bonne tenue de l'ouvrage, en réduisant au minimum le poids mort du tablier, et en employant un métal à résistance élevée; on a réduit ainsi la poussée à 288 *t*; cette réduction de la poussée a été la constante préoccupation des auteurs du projet en raison de l'inquiétude qui régnait dans les esprits sur la qualité du sol de fondation, inquiétude justifiée par les accidents survenus au pont de Navier, au pont de l'Alma lors de son décintrement, et à différentes reprises au pont des Invalides.

On s'est donc préoccupé d'abord de reconnaître, au moyen de sondages forés dans les conditions habituelles, la nature du sous-sol au droit du pont Alexandre III; trois sondages ont été faits sur la rive droite et les échantillons en ont été classés par M. Munier-Chalmas, professeur de géologie à la Sorbonne. Ils ont accusé au-dessous des alluvions récentes argilo-sableuses, une couche de gravier, puis le calcaire grossier inférieur.

Celui-ci commençait vers la cote (21) du nivellement général de la France et descendait jusqu'à la cote (17) à l'amont, et jusqu'à la cote (17,40) à l'aval ; au-dessous s'est rencontrée une couche épaisse de sables coquillés avec débris végétaux, verdâtre à la partie supérieure, puis passant au noir ; cette couche, qui doit être rattachée à l'étage lutécien surmontait les argiles à lignites du sparnacien, qui commençait à la cote (9 *m*) environ. L'un des sondages a été poussé jusqu'à la craie afin de bien établir la succession des couches ; on a ainsi atteint l'argile panachée à la cote (6 *m*), puis les marnes de Meudon à la cote (— 16,50) et enfin la craie à la cote (— 27).

Sur la rive gauche, on a exécuté quatre sondages ; sous les alluvions supérieures formées de sable graveleux et de cailloux roulés on a retrouvé le calcaire grossier, mais sous une faible épaisseur ; il n'était à l'état de roche que jusqu'à la cote (20 *m*) environ, soit 2,60 *m* plus haut que sur la rive droite ; de même les argiles à lignites ont été trouvées avec un relèvement encore plus accentué, et une dénivellation de près de 2 *m* de l'amont à l'aval ; les argiles panachées sont aussi relevées d'une rive à l'autre de la même quantité que les argiles à lignite, soit de près de 6 *m*.

A l'aide de ces sondages et des renseignements que possédait déjà le service de la navigation, on a dressé un profil en long longeant la rive gauche de la Seine et sur lequel on peut se rendre compte de l'affleurement successif des différentes couches géologiques (fig. 3, pl. 29-30, août 1899). Comme le pont Alexandre III se trouve à l'extrémité de l'affleurement de l'étage lutécien, les couches de l'étage sparnacien s'y rencontrent à une profondeur plus grande qu'au pont des Invalides, et on est par suite en droit d'y compter sur une résistance du sous-sol au moins égale.

Pour l'établissement de la culée, on s'est imposé de conserver entre la fondation et les couches d'argile une épaisseur de sable suffisante pour prévenir le tassement vertical ; d'autre part, on a donné à la culée un poids suffisant pour qu'elle résiste à la poussée par le seul effet du frottement, sans qu'il fût nécessaire de faire intervenir la butée des terres ; enfin la pression sur la base a été limitée à un taux voisin de celui qui est atteint au pont de l'Alma, soit environ 3 *kg* par centimètre carré.

Pour satisfaire à ces diverses conditions, on a été amené à reculer l'arête de renversement à plus de 30 *m* du parement, à donner à la culée un empattement dépassant 20 *m*, et à évider la partie du massif touchant aux terres ; le massif de la culée se trouvait ainsi en arrière et bien détaché des murs des bas-ports qu'il a fallu fonder d'une manière indépendante ; on a simplifié la construction en réunissant le mur de quai au corps de la culée et en fondant le tout sur un massif unique.

CHAPITRE PREMIER

PONT ROULANT DE MONTAGE

(Pl. XXXVIII, XXXIX et XL)

Conditions auxquelles doit satisfaire cet ouvrage. — Le programme de conduite des travaux du pont Alexandre III a été établi de manière à gêner le moins possible la navigation pendant la période de construction. On a donc écarté tout système de montage entraînant l'établissement de cintres ou même de simples palées dans le milieu du lit de la Seine et le cahier des charges a prescrit que les cintres nécessaires au montage des arcs seraient portés par un pont supérieur mobile susceptible de venir occuper successivement l'emplacement de chacun des arcs.

Pour que ce pont fût à l'abri des chances d'accident en cas de crues du fleuve et surtout de glaces, on a placé la voie du roulement sur les culées.

Le cahier des charges, tout en définissant le mode d'emploi et les conditions principales d'établissement de ce pont roulant, en a laissé l'étude détaillée à la charge de l'entrepreneur ; celui-ci a seulement été tenu de présenter à l'approbation des ingénieurs un programme détaillé des opérations de montage ainsi que les dessins complets d'exécution du pont et les calculs justificatifs.

Comme il a été reconnu que la navigation serait assurée si on réservait une place libre de 50 *m* au milieu de la rivière, on a trouvé possible d'établir des cintres fixes portés par des pieux battus hors de la passe centrale, pour monter les naissances des arcs et de faire reposer, sinon d'une façon permanente, au moins pendant la durée de montage des arcs, le pont roulant sur des appuis en rivière, afin de le soulager au moment où il doit porter sa charge maximum.

Cette faculté laissée à l'entrepreneur entraînait pour lui la nécessité, en cas de glaces, d'avoir à démonter rapidement et à mettre en retraite les portions d'arcs qui se trouveraient alors en montage. En revanche elle lui permettait d'établir sans dépenses excessives le pont roulant en vue du montage simultané de deux arcs, condition favorable à la régularité du travail et à son exécution rapide ; c'est ce qui a amené à l'adoption du programme suivant :

La distance entre les points d'appui sur les chevalets roulants est de 120 *m*, représentant la portée du pont lorsqu'il ne porte aucune surcharge, pendant qu'on procède à son déplacement, ou dans le cas où le montage serait interrompu par une crue. D'autre part, deux palées reposant sur des pieux battus en rivière, de part et d'autre de la passe réservée à la navigation, reçoivent des appareils d'appui qui permettent de transformer, pendant le montage, le pont de 120 *m* de portée totale en un pont à trois travées solidaires, l'une de 53 *m* au milieu, les deux autres de 33,50 *m* aux extrémités ; ce pont doit, dans le premier cas, être en mesure de résister à l'action d'un vent exerçant une pression horizontale de 120 *kg* par mètre carré ; c'est le chiffre qui avait été adopté comme base des calculs pour l'établissement des échafaudages à l'exposition de 1889.

L'ouvrage a été construit aux chantiers de MM. Schneider et Cie à Chalon-sur-Saône ; l'étude en a été faite par M. l'ingénieur Rochebois sous la direction de M. Schmidt, directeur des chantiers.

Description du pont roulant. — Le pont roulant se compose de deux poutres droites en treillis de 120 *m* de longueur entre les montants extrêmes, et de 7,50 *m* de hauteur ; leur écartement mesuré normalement à leur direction est de 5,714 *m* (fig. 1 à 5, pl. 38-39). Les membrures sont à section simple T, le treillis formé par des cornières doubles est à double maille. Les montants verticaux ont un espacement égal à la longueur des projections horizontales des voussoirs des arcs, soit de 3,625 *m* ; au milieu du pont, les trois intervalles correspondant à la clé ont été réduits à cause de la moindre longueur des voussoirs de clé du pont.

Aux extrémités, à cause du biais, et en raison de l'angle formé par la direction du chevalet avec celle du pont, les panneaux extrêmes ont des dimensions différentes sur la poutre amont et sur la poutre aval. Les montants extrêmes forment un cadre dont la direction fait avec les cadres de la division courante l'angle du biais. Les montants spéciaux au-dessus des palées n'ont au contraire pas été déplacés, la ligne des appuis n'étant pas parallèle à la direction des palées.

Les deux poutres sont reliées entre elles par une série de cadres comprenant chacun deux montants verticaux reliés au milieu de leur hauteur par une entretoise horizontale ; à cette entretoise et aux faces intérieures des montants sont fixées des consoles sur lesquelles sont posées deux voies de roulement des chariots de manœuvre des arcs. Au-dessus de l'entretoise, les cadres sont contreventés par des barres horizontales au niveau des membrures supérieures et par des croix de Saint-André. Au-dessous de l'entretoise on a laissé le passage libre pour le transport des pièces des arcs.

Dans les travées latérales, la partie inférieure des montants verticaux s'incline de manière à venir s'arrêter sur les semelles des membrures ; dans la travée centrale, au contraire, les parties inférieures de ces montants, de même que celles des cadres de support des consoles des voies de roulement, sont disposées de manière à recevoir l'attache des tiges de suspension des cintres au niveau des semelles inférieures des membrures.

L'effet du vent est considérable, en raison de la surface offerte à sa prise non seulement par le pont, mais aussi par le tablier et par les arcs en montage qu'ils supportent. L'ossature qui vient d'être décrite a été complétée, pour lui permettre de résister à l'action du vent, par une poutre à treillis disposée horizontalement au milieu de la hauteur, et dont la membrure en forme de simple T relie les montants aux points de croisement du treillis (fig. 3 à 8, pl. 38-39).

Les cadres extrêmes du pont, au-dessus des chevalets, sont en outre contreventés par des croix de Saint-André sur toute leur hauteur (fig. 6 à 8, pl. 38-39).

Les appuis du pont sur les palées en rivière ont été étudiés avec un soin tout spécial. Les appareils d'appui sont portés par de forts

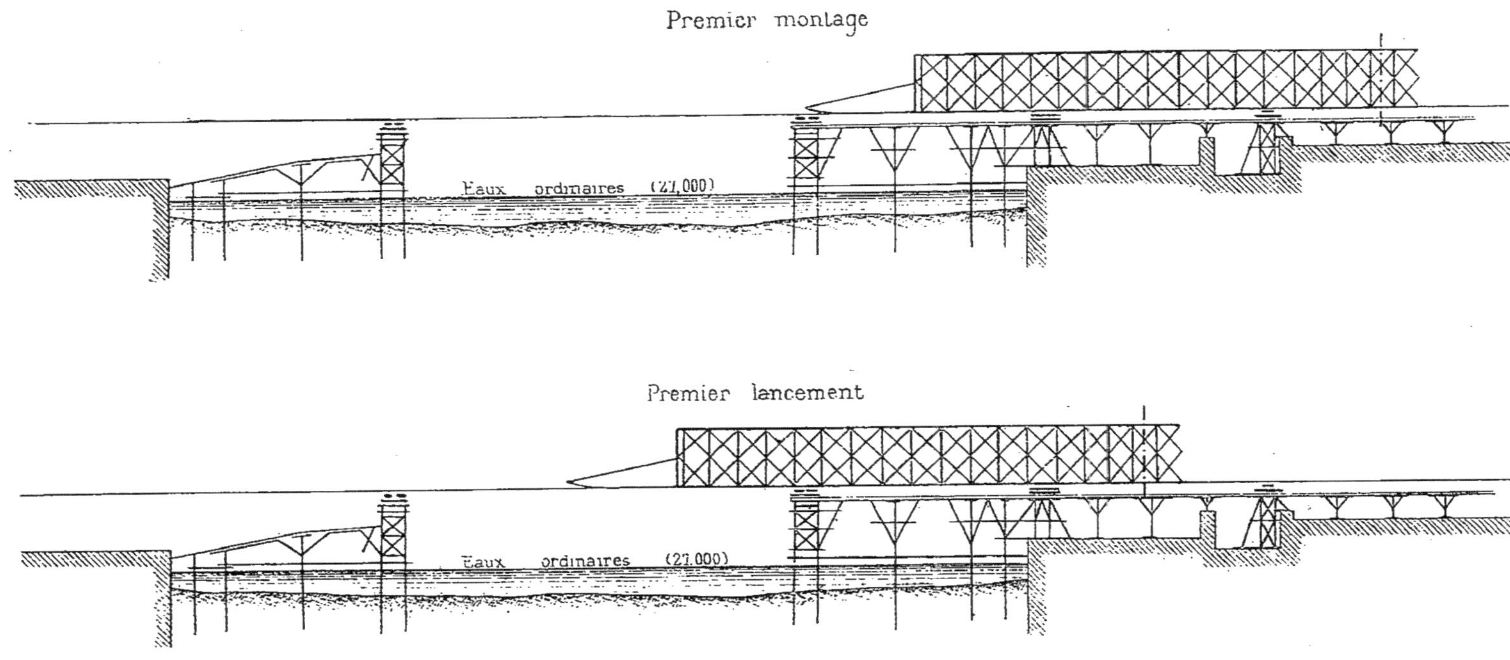
Premier montage
Eaux ordinaires (27,000)
Premier lancement
Eaux ordinaires (27.000)

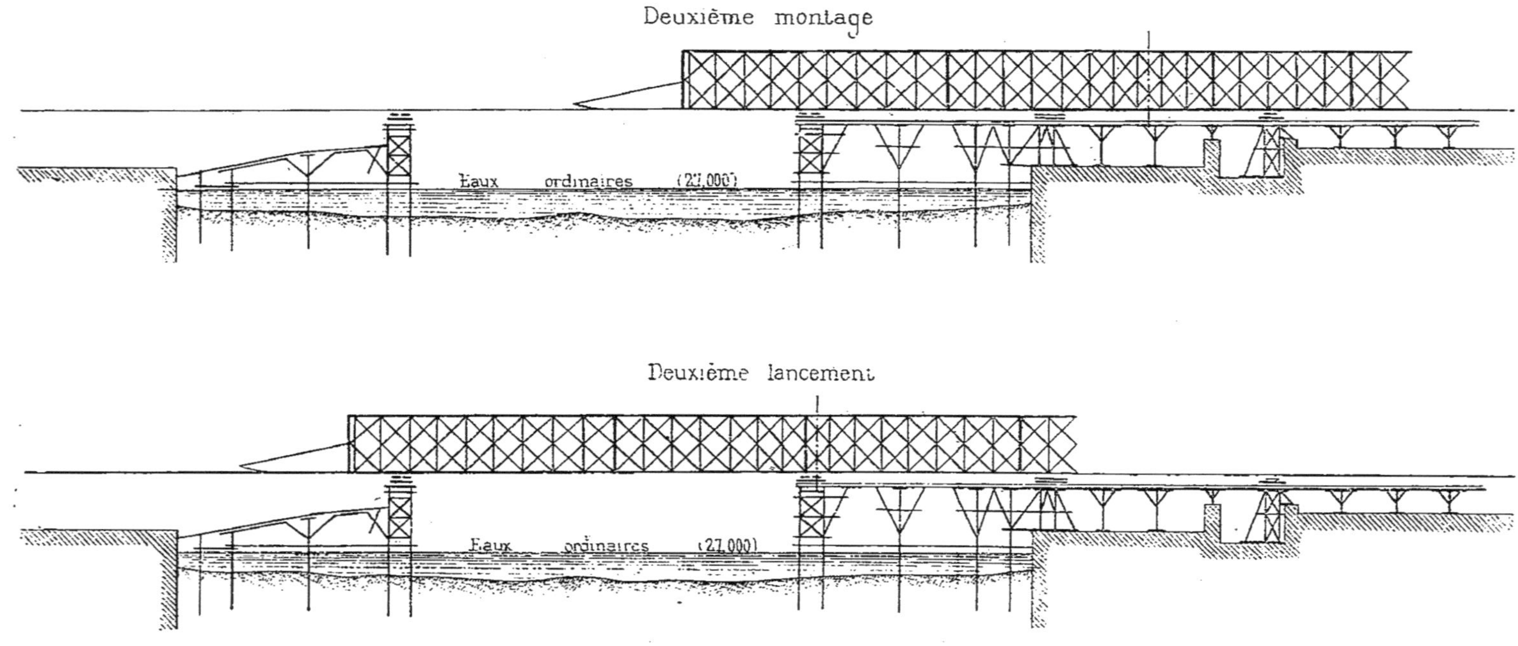
Deuxième montage
Eaux ordinaires (27,000)
Deuxième lancement
Eaux ordinaires (27,000)

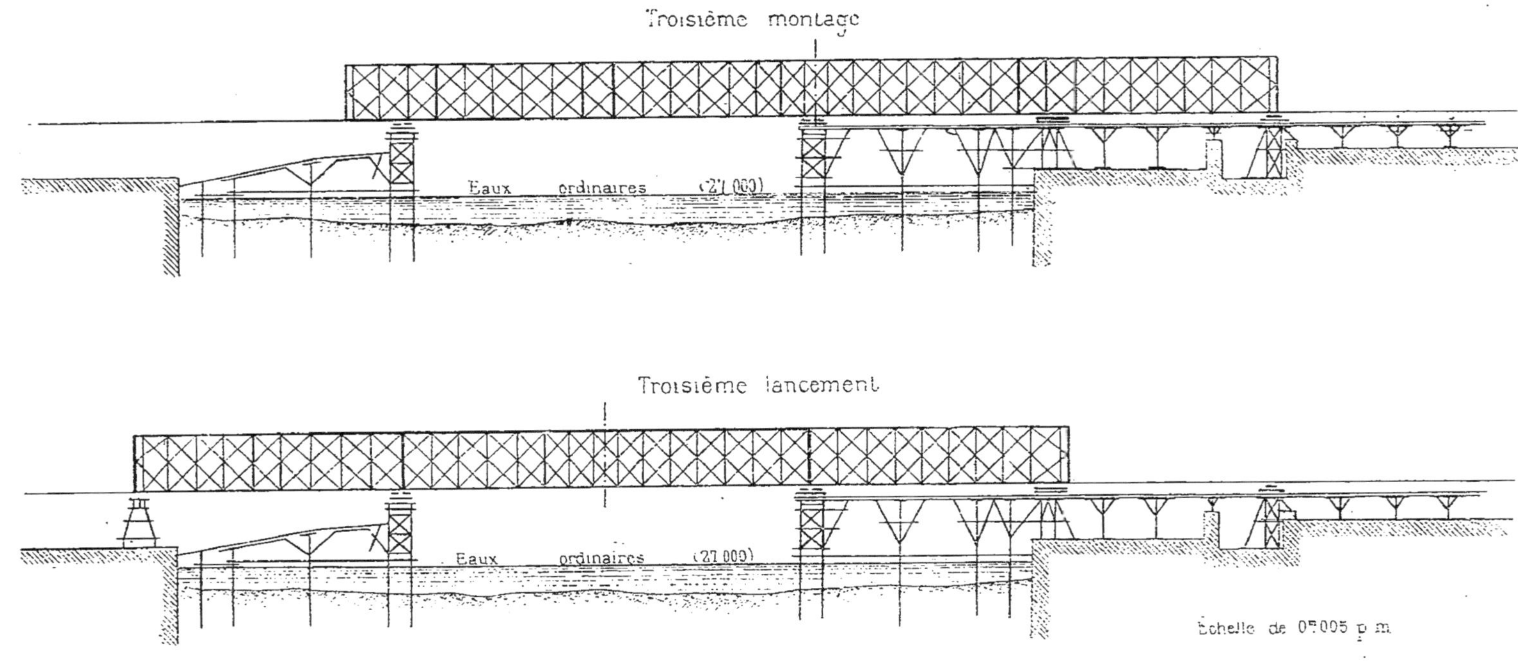
Troisième montage
Eaux ordinaires (27.000)
Troisième lancement
Eaux ordinaires (27.000)
Echelle de $0^{m}005$ p m.

chevêtres à âmes triples, parallèles à la direction du pont, soutenus par des chevalets ou pylônes métalliques dont les montants sont placés directement au-dessus des piles de pieux. Ces chevalets sont placés dans les intervalles contigus de celui des deux arcs en montage ; ils sont démontés après la mise en place de chaque groupe d'arcs et ils reposent non pas directement sur les pieux, mais sur un longeron métallique qui coiffe la tête de ceux-ci, de manière à intéresser à la fois les six pieux de chaque pile (fig. 11 à 13, pl. 38-39).

Ces dispositions peuvent paraître à première vue hors de proportion avec les charges verticales à transmettre, puisqu'un groupe de 12 pieux peut supporter une charge de 300 *t*, mais elles sont cependant rendues nécessaires par les effets du vent qui déplace dans de très fortes proportions le point de passage de la résultante des efforts appliqués aux cadres d'appui intermédiaires.

Sur les rives, les appuis du pont sont portés par des chevêtres à âme triple, parallèles à la direction de la rivière et qui forment l'arête supérieure des chevalets. Au-dessous, et au droit de chacun des appareils d'appui, viennent s'attacher six montants qui forment deux pyramides partant de chacun des points d'appui, et reportant les charges sur le cadre du chariot roulant au droit des galets (fig. 6 à 10, pl. 38-39).

La hauteur de ces pyramides est de 5,85 *m* ; la largeur de la voie de roulement est de 4 *m* ; la distance entre les galets extrêmes d'une même file est de 11,50 *m*. Les galets sont au nombre de dix, ceux du milieu de chacune des rangées recevant l'about des montants qui appartiennent aux deux pyramides. Au droit de chaque paire de galets, le chariot de roulement est entretoisé (fig. 6 à 8, pl. 38-39).

Cet ensemble est complété par deux autres systèmes d'entretoises, l'un reliant les montants des pyramides à mi-hauteur et formant une ceinture horizontale autour du chevalet, l'autre reliant le milieu du chevêtre au milieu des cadres du chariot de roulement.

Toutes les barres de la charpente du pont sont en acier laminé, toutes les pièces d'appui, en acier moulé. Les conditions d'essai des aciers laminés ont été les mêmes que pour les matières employées à la construction des ponts fixes, soit 42 *kg* de résistance de rupture par millimètre carré, avec un allongement de 22 p. 100.

Le poids des matières entrant dans la construction du pont roulant comprend :

Pont roulant proprement dit avec ses appareils d'appui. .	238,5 *t*.
Chevalets sur rives	47,0 »
Plate-forme des treuils, poutres supportant les poulies, attaches, palonniers	25,5 »
Deux treuils à vapeur	14,0 »
Pylônes en rivière	58,5 »
Total.	383,5 *t*.

Il faut y ajouter, pendant le montage, le poids des bois du plancher, soit environ 10 *t*.

Stabilité du pont roulant. — Le pont roulant a été étudié de manière à résister non seulement à l'effet des charges verticales, mais encore à celui d'un vent exerçant une pression horizontale de 120 *kg*. On a admis dans les calculs que le travail de l'acier pouvait s'élever à 12 *kg* par millimètre carré de section brute pour les barres et 8,5 *kg* pour les boulons et rivets, sous l'action des charges verticales seules ; que le travail pourrait atteindre 13 *kg* sous l'action du vent.

Il faut remarquer que ces chiffres sont dépassés si l'on considère les sections nettes, les valeurs du module de résistance $\frac{I}{n}$ se trouvant alors réduites d'environ 10 p. 100.

Les poutres principales du pont roulant supportent : 1° le poids du pont lui-même d'une longueur de 120 *m* ; 2° le plancher suspendu sur une longueur de 53 *m* dans la partie centrale ; 3° les voussoirs d'arcs reposant sur le plancher suspendu. Elles ont été calculées dans les deux hypothèses suivantes : 1° le pont roulant est libre, les poutres ne reposant que sur les chevalets des rives, et sa portée est de 120 *m* ; 2° le pont est en service, les poutres reposent sur les chevalets de rives et sont soulagées au droit des pylônes en rivière, les appuis sur ceux-ci étant en contre-bas des appuis sur les chevalets ; le plancher suspendu est alors chargé de voussoirs.

Dans cette seconde hypothèse, on s'est imposé de faire supporter aux pylônes la moindre charge possible, et d'obtenir que le moment de flexion au milieu du pont fût environ les $\frac{4}{5}$ de ce qu'il est quand le pont roulant est libre ; ces conditions sont remplies si l'on donne à la poutre au droit des pylônes un moment de flexion de 750 000 *kgm*.

Les membrures des poutres sont à section simple T ; elles ont de une à cinq plates-bandes de 0,008 *m* d'épaisseur ; la hauteur de l'âme est de 0,450 *m* pour la membrure supérieure, et de 0,550 *m* pour la membrure inférieure ; celle-ci peut, ainsi, résister aux moments de flexion locaux qui s'y développent pendant le lancement, ainsi que nous l'indiquerons plus loin.

Les barres de treillis, qui résistent en chaque point à l'effort tranchant, sont au nombre de quatre ; elles sont inclinées à 44°34′ sur la verticale. Pendant le lancement, quatre barres résistent aussi à la réaction de l'appui formé par un groupe de galets, de sorteque le diagramme des efforts résistant des quatre barres doit envelopper le diagramme des efforts tranchants des poutres du pont roulant, en place ou en service, et celui des réactions pendant le lancement. Les barres comprimées ont été calculées par la formule de M. Résal ; on les a supposées encastrées à leurs attaches, et articulées à leurs croisements.

Le contreventement a été calculé pour supporter toute l'action du vent ; les surfaces qui reçoivent le vent sont : 1° la poutre au vent ; 2° la poutre sous le vent ; 3° le plancher suspendu ; 4° le plancher suspendu portant les voussoirs. On a fait le calcul dans l'hypothèse où le pont a une seule travée de 120 *m* de long et n'est pas chargé, et dans celle où, pendant le montage, il repose sur les chevalets de rives et sur les pylônes en rivière ; on a admis dans ce cas que, en plan horizontal, les quatre points d'appui du contreventement restaient en ligne droite.

Les efforts tranchants dans le contreventement sont supportés par un système de deux barres en croix de Saint-André qui reposent sur les entretoises et sur les poutres du chemin de roulement ; pour le calcul de ces barres, on leur a donné comme lon gueur entre les deux extrémités la distance des attaches sur les deux poutres d'un même chemin de roulement, et on a supposé l'une de ces deux extrémités encastrée.

Les montants les plus fatigués sont ceux de la poutre au vent supportant le plancher suspendu pendant le montage des arcs, et situés à l'extrémité du plancher ; dans le calcul, on suppose que la pression totale sur un panneau de poutre principale est concentrée par moitié aux extrémités supérieure et inférieure des montants, c'est-à-dire aux nœuds des poutres, ce qui amène à des chiffres supérieurs à la réalité pour les efforts moléculaires développés dans les diverses pièces.

Les moments de flexion atteignent leur valeur maximum dans la poutre principale sous l'action de son propre poids augmenté au milieu de la charge des cintres, mais il convient de remarquer que le pont n'aura à supporter ces efforts que pendant quelques instants au moment du déplacement qu'on lui fera subir pour le porter d'un groupe d'arcs au groupe suivant. Si on déduit l'effet produit par la charge des cintres, on reconnaît que le moment fléchissant maximum au milieu se trouve réduit de un cinquième ; il en est de même pendant le montage des arcs, lorsque le pont se trouve soulagé au droit des appuis intermédiaires.

Le moment fléchissant maximum dans la poutre de contreventement est également produit lorsque le pont se déplace et que la portée de cette poutre est de 120 *m.* Cette hypothèse ne se réalisera jamais en cours normal de travail, parce qu'on ne choisira jamais une journée de vent violent pour déplacer le pont roulant, mais elle pourrait se réaliser si, le travail étant interrompu par suite d'une crue ou des glaces, et le pont n'étant plus calé sur ses appuis intermédiaires, une tempête de vent venait à se produire.

Dans ce cas, qui serait le plus défavorable possible, le pont serait soumis aux efforts maxima aussi bien sous l'action des charges horizontales que sous celle des charges verticales ; il est à prévoir qu'alors on déchargerait au moins partiellement le pont des cintres du milieu, de manière que les maxima prévus dans les calculs ne puissent être réalisés.

Mise en place du pont roulant. — Le pont roulant, pour la

raison même qui avait déterminé sa construction, ne pouvait pas être monté directement en place ; aussi le programme adopté avait prévu qu'il serait monté sur la rive droite et mis en place par voie de lancement. D'autre part, le peu d'espace disponible ne permettait pas d'établir, entre la palée de rive droite et la clôture du chantier sur le Cours-la-Reine, une plate-forme de longueur suffisante pour le montage du pont tout entier, ni même d'un tronçon assez long pour franchir en une seule fois la passe centrale de 53 *m* ; de sorte qu'on dut fractionner le lancement en trois opérations qui sont représentées schématiquement ci-dessus (fig. 1).

Afin de réduire les efforts développés dans l'ossature du pont pendant le porte-à-faux de la seconde opération de lancement, l'about du pont du côté de la rive gauche a été pourvu d'un avant-bec léger de 15 *m* de longueur, fournissant 14 *m* de longueur utile, et dont chaque poutre ne pèse que 6000 *kg* (fig. 14 et 15, pl. 38-39 et fig. 1, pl. 40).

C'est pendant le franchissement de la passe milieu de 53 *m* que le pont roulant atteint le plus grand porte-à-faux.

Pendant le lancement à l'aide de l'appareil à quatre galets, chaque groupe de galets constitue un appui qui supporte la somme des efforts tranchants de droite et de gauche ; suivant les phases du montage, la partie arrière du pont est plus ou moins grande, et les poutres reposent tantôt sur deux appuis, tantôt sur trois ; les réactions sont maxima sur le pylône de départ.

Le point le plus important des calculs relatifs au lancement est celui qui concerne la question des flexions locales de la membrure inférieure des poutres ; pendant le lancement, les membrures inférieures des poutres ont à transmettre aux barres de treillis les réactions des appuis, lorsque les nœuds de la poutre ne se trouvent pas au droit de ceux-ci. Il en résulte qu'elles ont, dans chaque panneau, à supporter des efforts locaux de flexion au moment où elles passent au-dessus des appuis ; ces efforts augmentent la fatigue du métal, dans des proportions considérables, C'est la fibre supérieure des nervures qui se trouve la plus fatiguée, car, puisqu'on la considère comme encastrée au droit des montants, elle supporte deux compressions, l'une due à la flexion d'ensemble, l'autre due flexion locale.

L'importance des flexions locales des membrures inférieures a entraîné leur renforcement ; on a porté leur hauteur à 0,550 *m* au lieu de 0,450 *m* ; de plus des épontilles en bois ont été prévues pour relier la partie médiane de chaque membrure au nœud de treillis situé au centre de chaque panneau ; enfin, ces dispositions n'étant pas jugées suffisantes, le renforcement a été complété par l'adjonction d'une cornière à la partie supérieure de l'âme de ces membrures dans les panneaux les plus fatigués.

Les calculs ont montré que le travail du métal pouvait atteindre 15,80 *kg* par millimètre carré de section brute ; il dépasse 16,5 *kg* par millimètre carré de section nette à la fin du second lancement, et 15 *kg* pendant la plus grande partie de cette opération.

Il faut remarquer que les prescriptions réglementaires relatives aux ponts métalliques ne déterminent pas, pour les opérations de lancement, la limite du travail du métal ; l'appréciation en est laissée aux ingénieurs, dans chaque cas particulier, et sous leur propre responsabilité. Il n'y a, en général, aucun inconvénient à adopter une valeur notablement supérieure à celle qui sera atteinte en service, parce qu'il n'y a pas, au moment du lancement, de questions importantes de sécurité en jeu.

Dans le cas actuel, comme l'opération devait avoir lieu sans que le service des Bateaux Parisiens fût interrompu, il fut nécessaire de prendre quelques mesures spéciales de précaution. On plaça dans la passe, au-dessous de la partie en porte-à-faux de la poutre, une palée flottante de secours (fig. 3 et 4, pl. 40), destinée à soulager le pont en cas d'accident survenant soit par un défaut de métal, soit par un défaut de montage ; cette palée fut réglée à un niveau tel qu'au moyen de quelques calages, il fut possible de la mettre en contact avec la semelle inférieure du pont. Elle a été calculée en tenant compte d'un vent de 30 *kg* par mètre carré.

Il a fallu également se rendre compte de l'abaissement de l'about de l'ouvrage pendant le lancement, au moment du plus grand porte-à-faux. Cet abaissement dépend de plusieurs facteurs qui sont : 1° la flexion propre de la poutre sous l'effet des charges et des réactions des appuis ; 2° les variations de hauteur des appuis pendant l'opération ; 3° la déformation locale de la mem-

PONT ROULANT DE MONTAGE DE 120 MÈTRES DE PORTÉE
Passerelle avec son avant-bec après le premier lancement.

brure inférieure. Le premier élément peut être évalué avec une approximation suffisante par l'une des méthodes connues : la dénivellation des appuis ne peut être évaluée parce qu'elle dépend du tassement des échaffaudages, du raccourcissement élastique des bois sous l'effet des charges qui vont en croissant depuis le commencement de l'opération jusqu'à la fin ; si les appuis sont bien réglés de niveau au début et si y représente leur dénivellation, la flèche à l'extrémité se trouvera augmentée à chaque instant de $y\frac{30+53}{30}$.

L'effet de la flexion locale de la membrure est assez difficile à évaluer avec quelque précision ; on ne connaît que le sens dans lequel il se produit, et il doit être accusé par une diminution du rayon de courbure de la pièce fléchie au droit de l'appui.

Afin de tenir compte, autant que possible, de ces différents éléments, on a relevé de 0,20 *m* l'extrémité de l'avant-bec.

Marche des opérations. — Le programme de constrnction de cet ouvrage et des opérations de montage a été arrêté dans le courant de l'automne 1897 et le projet de l'ouvrage a été présenté à la fin de janvier 1898. Le montage a été commencé, dans les ateliers de Chalon, au mois d'avril, et les premiers tronçons sont arrivés sur le chantier au milieu du mois de juillet.

Le montage sur place a commencé le 22 juillet et la moitié de l'ouvrage était achevée et prête à monter le 20 août 1898 ; c'est à cette date que la première opération de lancement a été faite ; la seconde a eu lieu le 8 septembre et la troisième le 30 septembre 1898.

Toutes ces opérations ont été faites comme il était prévu et sans incidents, chacune dans l'espace d'une demi-journée ; pendant la durée de la seconde, la circulation des bateaux de commerce a été interrompue entre le pont de la Concorde et le pont des Invalides pendant deux heures seulement de 5 à 7 heures du matin.

Les mouvements du pont ont été obtenus au moyen de deux treuils agissant sur deux palans attachés à la palée de rive droite ; les appareils de roulement étaient à balancier et comportaient deux ou quatre galets, selon l'importance des charges qu'ils avaient à transmettre aux échafaudages.

L'ossature du pont et les charpentes en bois des échafaudages se sont bien comportées ; au moment du plus grand porte-à-faux, l'appui placé au-dessus de la palée de départ a subi un tassement de 0,016 *m* et l'appui en arrière un tassement de 0,005 *m* ; l'about du pont s'est abaissé de 0,136 *m*.

L'avant-bec s'est engagé sur les appareils récepteurs sans secousse et sans qu'on ait eu besoin de le relever avec des vérins ; la mise en prise a eu lieu sans arrêt de la marche de l'opération. Par surcroît de précaution, on avait eu soin de raidir, au moyen de madriers, les montants des panneaux les plus fatigués et de placer des épontilles en bois dans leur milieu.

Le montage et la mise en place du pont roulant ont été faits sous la direction de MM. Schmidt, directeur, et Rochebois, ingénieur des Chantiers de MM. Schneider et Cie à Chalon-sur-Saône par le chef monteur Camus.

CHAPITRE II

MONTAGE DES ARCS

(Pl. XLIII-XLIV)

Les arcs du pont Alexandre III ont été construits en acier moulé ; ils sont au nombre de quinze, écartés d'axe en axe de 2,857 *m* ; chacun d'eux se compose de trente-deux voussoirs dont la longueur, mesurée sur la fibre neutre, est de 3,625 *m* pour les voussoirs courants ; les voussoirs de la clé et des sommiers étant de moindre dimension.

Les arcs intermédiaires sont à section double **T** symétrique ; chaque voussoir est terminé à ses deux extrémités par une table de joint rectangulaire de même largeur que les semelles ; celles-ci ainsi reliées à leurs extrémités, le sont encore en deux points de la longueur du voussoir par de grandes nervures.

Les arcs de rive ont été traités d'une manière spéciale en vue de la décoration de l'ouvrage.

Mise en place du cintre supportant les arcs. — Le cintre nécessaire pour le montage des arcs est supporté par le pont roulant que nous avons décrit dans le chapitre précédent et qui a été établi en vue du montage simultané des deux arcs.

Le cintre est en trois parties : la partie médiane est seule supportée par le pont roulant ; les deux parties latérales sont supportées chacune par quatre files de pieux battus en rivière, et moisées entre elles un peu au-dessus du niveau d'eau ; ces parties latérales sont formées chacune de quatre fermes espacées de 2,857 *m*, dont deux se trouvent placées à l'aplomb des arcs en montage. Ces quatre fermes sont reliées entre elles à la partie supérieure par un plancher en bois, et au-dessus des moises des pieux, par des semelles qui peuvent glisser sur ces moises. Cette disposition permet de déplacer chacune des parties du cintre au-dessus des pieux sans avoir besoin de les démonter, par glissement sur les moises, en se servant de crics ou de palans (fig. 1, 4 et 5, pl. 38-39, octobre 1899).

Le plancher formant la partie médiane du cintre, et qui est supporté par le pont roulant, est constitué par une série de poutrelles suspendues au droit des montants verticaux de celui-ci; ces poutrelles sont formées par des doubles fers à **U**, et elles portent deux longerons en fer double **T** placés immédiatement au-dessous des voussoirs. Elles sont reliées aussi par une série de chevrons en bois qui affleurent le niveau supérieur des poutrelles. Le tout est recouvert d'un plancher en demi-madriers jointifs, de telle sorte que l'épaisseur totale du plancher, du dessous des fers jusqu'à la face supérieure du platelage, est de 0,240 *m*.

Chacune des poutrelles est suspendue au pont roulant par six tiges verticales : les deux tiges extrêmes sont accrochées directement aux semelles des poutres du pont roulant; les quatre tiges intermédiaires sont fixées aux montants et consoles des cadres qui relient entre elles les poutres du pont au droit des montants. En outre, le système est contreventé par deux tiges obliques placées l'une à l'amont, l'autre à l'aval (fig. 1, 3, 9 et 10, pl. 38-39).

Les huit tiges de suspension sont articulées à leurs deux extrémités; elles sont composées chacune de deux barres rondes filetées en sens inverse et réunies par un écrou à deux têtes formant tendeur; de sorte que chaque barre peut être isolément allongée ou raccourcie; on peut ainsi faire passer la charge d'une barre à la barre voisine et dégager la barre déchargée en déclavetant son goujon d'articulation.

Grâce aux barres surabondantes de suspension, on peut également, pendant le déplacement du pont roulant, supprimer par le même procédé les barres qui viendraient en contact des parties d'arc déjà montées, sans pour cela que le tablier cesse d'être bien supporté; il est facile ensuite de les rétablir lorsque l'obstacle est franchi.

Le poids du plancher n'est que de 500 *kg* par mètre courant du pont, soit pour un ensemble de six tiges verticales, correspondant à une longueur de 3,625 *m*, une charge de 1 800 *kg* en nombre rond,

P. 25.

PONT ROULANT DE MONTAGE DE 120 MÈTRES DE PORTÉE
Ensemble du pont roulant, des cintres et du plancher suspendu.

ou 300 *kg* par barre, de sorte que les manœuvres précédemment indiquées sont faciles.

Pour déplacer le pont roulant avec la portion de cintre qu'il supporte, on commence par décaler le pont sur les appuis intermédiaires en le soulevant avec des vérins hydrauliques; on transporte les parties inférieures des pièces d'appui à changer de place. Cela fait, on démonte les deux séries de tiges de suspension voisines du côté amont du dernier groupe d'arcs monté, et on commence le mouvement de translation, en ayant soin de choisir pour faire cette opération un jour où le temps soit calme, afin que la résistance du vent soit faible.

Le mouvement est donné au pont à l'aide de deux treuils placés sur chacune des rives, et qui actionnent chacun un palan attaché au cadre inférieur du chevalet; on trace à la craie sur les rails une graduation de 20 en 20 centimètres, et les équipes des deux rives manœuvrant au commandement font avancer en même temps le chevalet sur lequel elles agissent d'une division à la fois.

La même équipe s'occupe successivement du démontage et du remontage des tiges et de la manœuvre des treuils; l'opération totale ne demande pas plus de sept heures, y compris le transport des appareils d'appui.

En ajoutant à ce nombre d'heures le temps nécessaire pour riper les deux parties de cintre situées près des rives, et qui est de sept heures pour chacune d'elles, on obtient, pour l'ensemble de l'opération de déplacement des cintres, un total de deux journées de travail. Le déplacement du pont roulant doit être précédé de celui des chevalets sur pylônes, opération assez longue, car ces chevalets doivent être démontés et remontés pièce à pièce ; et ce travail, qui ne peut être confié qu'à un petit nombre d'ouvriers habiles, exige environ sept journées.

Bardage et mise en chantier des voussoirs. — Les voussoirs en acier moulé ont été approvisionnés dès leur arrivée sur les chantiers, à proximité des culées du pont, à l'aide de deux grues à vapeur montées sur rails ; celle de la rive droite a sa voie de roulement au niveau du quai de la Conférence et les voussoirs sont mis en parc soit sur la chaussée du quai, soit sur la couverture du passage des tramways ; celle de la rive gauche est sur la culée même, et comme les camions ne peuvent arriver à proximité, les voussoirs sont d'abord déchargés au moyen d'un pont roulant qui les place sur des vagonnets, et amenés ainsi ensuite sous la grue.

Les voussoirs nécessaires à un groupe de deux arcs étant approvisionnés, et étant tout prêt pour le montage, les grues reprennent les voussoirs et les placent sur des vagonnets qui sont amenés sous le pont roulant ; du côté de la rive droite, la voie des vagonnets et celle de la grue étant l'une sur le quai, l'autre sur la culée, les voussoirs sont descendus par la grue dans une travée de la couverture du passage des tramways, qui a été laissée libre à cet effet.

Le pont roulant porte, ainsi qu'on l'a vu, deux voies de roulement sur lesquelles peuvent circuler quatre chariots de manœuvre (fig. 9 et 10, pl. 38 et 39). La voie est formée par des fers à double **T** de 0,140 *m* de hauteur, espacés de 0,310 *m* d'axe en axe.

Un chariot est porté par deux paires de galets espacés de 1,800 *m* d'axe en axe ; il est constitué par un cadre, formé de deux fers en **U** de 0,175 *m* placés verticalement et reliés entre eux par des plots rivés sur leurs ailes ; ce cadre est traversé par quatre tourillons dont deux sont les axes des galets de roulement ; tandis que les deux autres supportent deux poulies placées dans l'axe longitudinal du chariot. Les flasques du cadre sont renforcées, au passage de ces deux derniers tourillons, par des fers plats de 0,025 *m*. C'est sur deux fers plats semblables placés l'un à l'avant, l'autre à l'arrière du chariot que viennent s'attacher les chaînes de traction (fig. 1 et 2, pl. 43-44).

Chaque chariot est ainsi intercalé dans une chaîne sans fin qui s'enroule d'une part à l'extrémité du pont sur une poulie à empreintes montée sur l'arbre d'un treuil à vapeur, et d'autre part sur une poulie de renvoi placée vers le milieu du pont. Les deux brins de la chaîne sont placés dans des gouttières ; l'une d'entre elles est supportée par le rail placé du côté de la chaîne ; l'autre, par des étriers rivés aux entretoises du pont roulant, au-dessus des voies du chariot. Suivant le sens de rotation de la poulie à empreintes, le chariot avance dans un sens ou dans l'autre (fig. 3 et 4, pl. 43-44). Le déplacement vertical des voussoirs est obtenu à l'aide d'un câble en acier qui passe sur les deux poulies du chariot, et qui porte suspendue une troisième poulie à la chape de laquelle la charge est attachée. L'une des extrémités du câble est fixée vers le milieu du pont, l'autre s'enroule sur le tambour d'un treuil à vapeur (fig. 1, 2, 5, 9, 10, 11 et 12, pl. 43-44).

Si le câble n'était pas soutenu entre le chariot et son point d'attache au milieu du pont, il prendrait une flèche assez grande, et il serait exposé, dans les grands fouettements qui se produiraient fatalement, à accrocher les pièces de l'ossature placées à proximité, il pourrait en résulter des ruptures et des accidents graves; c'est pourquoi on l'a fait passer sur des poulies placées dans l'axe au-dessus du niveau des chariots, et dont la position est réglée de manière que la partie supérieure de leur gorge soit légèrement au-dessous de celle des poulies du chariot. Afin que celles-ci puissent cependant passer sous les poulies guides, ces dernières peuvent s'ouvrir suivant leur plan médian; les deux demi-poulies sont maintenues en contact par des contrepoids qui supportent les tourillons de chacune d'elles (fig. 1, 3 et 5, pl. 43-44).

Au passage du chariot, un fuseau formé par un fer plat replié et fixé sur la face supérieure du cadre s'engage dans la gorge de la poulie guide, en sépare les deux parties, et les maintient écartées; après le passage du chariot, les deux demi-poulies se rapprochent par l'action des contrepoids, et le câble se trouve de nouveau emprisonné dans la gorge (fig. 1, 2, 3, 7 et 8, pl. 43-44). Grâce à ces ingénieuses dispositions, le mouvement de translation du chariot et le levage des pièces s'opèrent très régulièrement et sans incident.

De chaque côté du pont roulant, et sur des consoles portées par ses abouts, se trouvent disposés un double treuil à vapeur et une chaudière; un mécanicien de chacun des deux postes conduit les treuils, en suivant les ordres des chefs de chantiers; ces ordres sont donnés au moyen de signaux au sifflet.

Les poulies de renvoi des chaînes et l'attache des câbles n'ont pas été placées exactement au milieu du pont, mais à distance suffisante de ce point, de manière que les deux voussoirs de clé dont la longueur est moindre que celle des autres voussoirs puissent être mis en place par le même chariot.

Le palonnier auquel on suspend les voussoirs est constitué de la manière suivante : un fer à double **T** de 0,175 *m* et de 1,250 *m* de longueur porte, rivés à ses deux extrémités au moyen de forts goussets, deux groupes de fers en **U** verticaux et jumelés, de telle sorte que l'ensemble affecte la forme d'un **H** dont les deux branches parallèles sont distantes de 1 *m*. Des tiges filetées à l'une de leurs extrémités et portant à l'autre un talon sont engagées dans chacun des groupes de fers en **U** ; le talon est à la partie inférieure des tiges, et un écrou qui prend appui sur les fers en **U** permet d'en faire varier le niveau. Pour chaque branche de l'**H** ainsi formé, les boulons laissent, entre eux, un espace un peu supérieur à la largeur des semelles des voussoirs. Le palonnier étant posé sur le voussoir à barder de manière que la branche transversale soit disposée dans le sens longitudinal de celui-ci, on engage les talons des tiges sous la semelle supérieure et on serre les écrous de manière que le palonnier fasse corps avec le voussoir (fig. 9 à 18, pl. 43-44).

Entre les branches parallèles de l'**H** et au-dessous de la poutrelle médiane est disposée une tige filetée sur laquelle est engagé un écrou dont la partie supérieure coulisse sur la semelle inférieure de la poutrelle ; si on actionne la tige à l'aide d'un levier à cliquet, on produit le déplacement longitudinal de l'écrou ; ce dernier porte deux tourillons horizontaux sur lesquels sont engagées deux tiges articulées à leur autre extrémité à la chape de la poulie que supporte le câble (fig. 9, 10, 11 et 12, pl. 43-44).

En déplaçant l'écrou au moyen du levier à cliquet, on change la position du point de suspension du palonnier, et on modifie par suite l'inclinaison du voussoir qu'il supporte (fig. 12). De sorte qu'avec ces divers appareils, il est possible non seulement de transporter les voussoirs, mais encore de les présenter en un point quelconque du cintre avec une inclinaison donnée.

On opère le transport des voussoirs sur les cintres en deux journées ; on commence par placer directement les voussoirs sur le platelage des cintres, puis on commence le montage lorsque le bardage à pied-d'œuvre est achevé.

PONT ROULANT DE MONTAGE DE 120 MÈTRES DE PORTÉE
Prise d'un voussoir sur lorry par les palonniers à vis.

P. 31.

Montage des arcs. — La première oération du montage d'un arc est la mise en place du sabot de retombée, opération délicate qui est faite par le chef monteur lui-même ; bien qu'il emploie, pour faciliter le travail, une équerre spéciale dont un des côtés donne la direction de la ligne de base, et l'autre celle de l'axe de la rotule, il n'arrive à mettre la pièce dans sa position exacte qu'après de longs tâtonnements. Il faut une journée entière pour la mise en place des quatre sabots d'un groupe d'arcs ; et pour ne pas perdre de temps, on procède à cette opération pendant que l'on barde les voussoirs sur les cintres.

Les pièces de retombée étant en place, on pose les rotules, puis successivement les voussoirs en allant des naissances à la clé. Pour poser un voussoir, on commence par nettoyer les portées pour mettre le métal à vif, puis on les enduit d'un corps gras ; on a repeint préalablement avec soin les parties du joint placées en dehors des portées. On amène alors le palonnier au-dessus du voussoir, on l'engage et on soulève celui-ci. Un homme monté sur la semelle supérieure agit alors sur le levier à cliquet pour donner au voussoir l'inclinaison convenable et amener la face du point inférieur à être parallèle à la face correspondante du dernier voussoir posé ; le monteur fait ensuite approcher les deux surfaces, le voussoir étant dirigé à la main par l'équipe.

Aussitôt qu'il y a contact, on laisse doucement glisser le voussoir jusqu'à ce que les trous de boulons correspondants se trouvent en face l'un de l'autre, en maintenant toujours les surfaces en contact. On engage alors, dans deux des trous, des barres dont les extrémités sont légèrement coniques, de manière à arrêter le glissement du voussoir, on remplace ces barres par des tiges calibrées au diamètre des boulons, et légèrement coniques à l'une de leurs extrémités ; on enfonce ces tiges à coups de marteau, et on obtient ainsi la coïncidence exacte des trous. On place alors sans difficulté les douze boulons d'assemblage, on cale le voussoir au moyen de pièces de bois convenablement placées, et on procède à la pose du voussoir suivant, qui s'opère de la même manière.

Ces manœuvres se font très aisément, en exigeant de la part des ouvriers des efforts peu considérables, et il faut beaucoup moins de temps pour la mise en place d'un voussoir que pour le nettoyage de ses joints.

A mesure que l'on pose les voussoirs, le chef monteur vérifie, avec une jauge qu'il présente entre deux portées rabotées, l'écartement des arcs en montage et leur distance à l'arc monté immédiatement en amont. Il faut deux journées pour mettre en place jusqu'à la clé les voussoirs d'un groupe de deux arcs.

Lorsque tous les voussoirs sont assemblés, on règle les arcs de manière à placer les deux moitiés de chacun d'eux dans le même alignement et on les amène à la clé au même niveau. On vérifie que les rotules des naissances ne se sont pas déplacées, et on bute, avec des pièces de bois, le voussoir de naissance sur les pierres en granit des retombées afin que le sabot d'appui ne supporte qu'une poussée très faible.

Il faut ensuite, par des tâtonnements qui prennent une bonne journée, régler la position du groupe d'arcs qu'on vient de poser. On fait alors le scellement des sabots de retombée en versant dans le joint, qu'on a ménagé entre la pierre granitique et le dessous du sabot, un coulis de ciment pur. Ce coulis, préparé avec le plus grand soin avec un ciment de la meilleure qualité et de l'eau de source, est amené par un malaxage prolongé à la consistance d'un chocolat moyennement épais et débarrassé de tous grumeaux. Le joint est garni d'étoupes sur son pourtour inférieur, et l'excédent d'eau du coulis s'échappe à travers l'étoupe, ou bien se réunit à la partie supérieure lorsque le remplissage du joint est assez avancé. On chasse cette eau en versant à plusieurs reprises de nouvelles quantités de coulis pendant deux heures après le commencement de l'opération. Le joint étant complètement rempli, on laisse la prise du ciment se faire, et on évite pendant les quarante-huit heures suivantes toute opération susceptible de produire un mouvement ou une vibration de l'arc.

Afin de se rendre compte de la résistance du coulis de ciment formant ce joint, M. Alby a fait mouler un coulis analogue dans des cylindres de verre fermés à leur partie inférieure par des tampons d'étoupe et il a fait éprouver par le Laboratoire de l'Ecole des Ponts et Chaussées des échantillons prélevés dans ces cylindres, après quatre jours de prise; à cet effet, chacun d'eux a été découpé en quatre tranches dans sa hauteur.

Il résulte des essais à la compression effectués sur ces éprouvettes que la partie supérieure du coulis est plus légère et moins résistance que la partie inférieure; cependant sa résistance qui a été au minimum de 28,1 *kg* par centimètre carré dans les essais, dépasse encore de 12 *kg* la charge de 16 *kg* par centimètre carré qui correspond à la poussée de l'arc au décintrement; par suite cette charge n'est pas susceptible de déterminer l'écrasement du joint en ciment.

Réglage à la clé des arcs. — La position des arcs étant définitivement arrêtée, en direction par le scellement des sommiers de retombée, on procède aux opérations de mesurages nécessaires pour déterminer l'épaisseur des cales à placer entre le voussoir de clé et le dernier voussoir courant, pour obtenir le réglage du niveau à la clé. On admet dans ces conditions que les arcs qui reposent sur de nombreuses cales en bois portées par le platelage élastique ou par les poutrelles des cintres, en reçoivent sur toute leur longueur des réactions égales aux poids placés au-dessus des cales, et que, par suite, ils n'ont aucune tendance à se déformer. On note le niveau de chaque rotule de clé, la distance entre le fond des logements des rotules du côté amont et du côté aval, et la température du pont.

A l'aide de ces éléments, on calcule la distance qui resterait libre si la température du pont était ramenée à 10° et s'il était au niveau qu'il doit occuper à cette température. On fait rapidement ce calcul en remarquant que pour une élévation de température de 1°, un demi-arc s'allonge de 0,00065 *m*, et que la clé s'élève de 0,00535 *m*, l'altitude théorique de l'articulation à la température de 10° et après relèvement de la cambrure étant de 35,79 *m*, si $\Delta h = h - 35,79$ est l'écart de hauteur et si $\Delta t = t - 10°$ est l'écart de température, e étant l'espacement mesuré, l'épaisseur E du calage sera donné par :

$$E = e - \left(\frac{\Delta h}{0,00535} - t\right) \times 0,00065 \times 2.$$

Afin d'éviter les pertes de temps, les constructeurs sont tenus d'avoir sur le chantier un approvisionnement de cales, d'épaisseurs variables, coupées de dimensions, et percées à l'avance de manière qu'on puisse, par une combinaison de quelques éléments, réaliser à moins de 0,0005 *m* près l'épaisseur de cale jugée nécessaire. On remplace après chaque opération les cales qui ont été employées.

Lorsqu'on mesure la distance entre le fond des logements des rotules sur la face amont et sur la face aval de chaque arc, on trouve en général un écart variant de 0,0002 *m* à 0,0025 *m* ; cet écart tient sans doute à ce que, malgré les précautions prises lorsqu'on a monté à plat les arcs aux ateliers de construction le serrage des joints n'a pas été identique sur la face inférieure qui était appuyée et sur la face supérieure qui était libre; on peut comprendre en effet que par le simple effet du frottement des voussoirs sur les cales qui les supportaient, le serrage sur la face inférieure ait été plus difficile à réaliser que sur l'autre face.

Pour assurer malgré ce défaut de parallelisme le contact des coussinets sur les rotules, on rachète la différence sur le calage de clé, en faisant raboter en coin une ou deux des cales suivant l'importance de l'écart à regagner; ce travail se fait pendant les deux journées qui séparent, du décintrement, le moment où l'on scelle les sommiers de retombée des arcs.

Décintrement des arcs. — Dans les deux jours qui précèdent le décintrement, on met en place les contreventements provisoires destinés à rendre solidaires, pendant cette opération, les deux arcs d'un groupe. Le contreventement est formé par deux séries de pièces : les premières sont des tirants en fer rond boulonnés deux à deux sur des barres d'ancrage verticales placées tous les 3,625 *m*; elles s'opposent à l'écartement des arcs. Les autres pièces sont des poutrelles en bois de 0,16 sur 0,16 disposées en croix de Saint-André entre les deux arcs, les unes dans des plans verticaux, les autres dans des plans parallèles à la fibre moyenne des arcs; elles maintiennent l'écartement des arcs.

En outre, le groupe des deux arcs est calé au droit des chevalets sur pylônes par des fourrures en bois placées entre les montants des pylônes et les bords extérieurs des semelles des deux arcs.

P. 37.

PONT ROULANT DE MONTAGE DE 120 MÈTRES DE PORTÉE

Vue de l'arc de rive décalé et entretoisé.

La veille du décintrement, on place sous les arcs des vérins à vis au nombre de douze par demi-arc, soit au total quarante-huit pour l'ensemble du groupe; quarante d'entre eux, notamment ceux qui sont placés sur la partie du cintre supportée par le pont roulant, sont dynamométriques.

L'emploi de ces derniers étant prescrit par le cahier des charges, les chantiers de Chalon ont étudié un type spécial de vérins à vis et à ressorts que nous allons décrire (fig. 19 à 23, pl. 43-44).

L'écrou du vérin forme un piston qui peut coulisser dans une couronne en acier moulé; celle-ci coiffe une boîte cylindrique en tôle dans laquelle est logée une pile de rondelles Belleville. L'écrou porte sur sa surface cylindrique extérieure un tenon qui est engagé dans une rainure correspondante de la portée cylindrique de la couronne et qui est destiné à l'empêcher de tourner (fig. 22).

L'aplatissement des rondelles Belleville est fonction de la charge supportée par le vérin, et la surface extérieure de l'écrou porte une graduation de 2 en 2 *t* sur laquelle on peut lire la valeur de cette charge. La course du vérin est à chaque instant diminuée de celle des ressorts lorsque l'effort diminue, puisque grâce à eux, l'écrou s'élève alors tandis que, d'autre part, la tête du vérin s'abaisse. Les vérins ont été gradués jusqu'à 16 *t*, et leur course utile est de 0,100 *m*.

Ils ont été combinés de manière à occuper sous les arcs le moins de place possible; la boîte cylindrique en tôle est rivée, à sa partie supérieure, à deux brides qui viennent s'appuyer sur les longerons au-dessus desquels les arcs sont montés; la boîte cylindrique se trouve alors placée entre ces deux longerons (fig. 19 à 21, pl. 43-44).

Les vérins sont répartis sur la longueur des arcs aussi régulièrement que possible; cependant, à cause de la présence des pylônes, ils n'ont pas aux reins le même écartement qu'à la clé.

Pour opérer le décintrement, on met d'abord les vérins en charge, c'est-à-dire qu'on amène leur graduation à indiquer sensiblement le poids de la portion d'arc qu'ils supportent; ce poids est compris entre 5 et 6 *t* pour les vérins près de la clé; il varie de 7 à 8 *t* pour ceux qui sont placés dans le voisinage des reins.

Grâce aux ressorts qui les maintiennent en prise, ces vérins présentent l'avantage de faciliter la répartition des charges.

Dès qu'ils sont placés, on retire les calages en bois, puis on met en place, aux voussoirs de clé, les cales de réglage et ensuite la rotule, en soulevant très légèrement les arcs s'il y a lieu, pour obtenir le jeu nécessaire; cette dernière opération se fait en agissant sur tous les vérins de manière à conserver à chacun d'eux la même charge.

On procède ensuite progressivement au décalage des vérins pour laisser les arcs se mettre en charge, en agissant successivement sur chacun des arcs du groupe, afin que l'abaissement relatif soit toujours faible et que le serrage des contreventements provisoires ne risque pas ainsi de se trouver modifié. A cet effet, on diminue la réaction des vérins de quantités déterminées alternativement sous chacun des arcs, en passant par exemple de 5 *t* à 4 sous le premier, puis de 5 *t* à 3 sous le second; de 4 à 2 sous le premier, de 3 à 1 sous le second et ainsi de suite. La manœuvre se fait au commandement du chef monteur et il y a deux chefs de manœuvre chargés de surveiller chacun les vérins d'un demi-arc. L'opération dure un peu moins de deux heures.

Aussitôt qu'elle est terminée on s'assure par un coup de niveau que les arcs sont à l'altitude convenable; pour le deuxième groupe d'arcs, il a fallu procéder au relèvement des arcs et au changement des cales, opération qui n'a pas exigé plus de quatre heures. Cela tient à ce que, dans le calcul de l'épaisseur des cales, on a fait entrer la température du métal des arcs; or on ne la connaît qu'approximativement à 2 ou 3° près; cette erreur peut entraîner une variation de niveau de 0,015 *m* environ à la clé. D'autre part, on a supposé que l'arc posé sur les calages en bois ne subissait aucune déformation, alors qu'il peut en exister une, par suite du serrage inégal des cales.

Aussitôt le décintrement terminé, on commence à poser les entretoisements et les longerons en acier laminé, en même temps que l'on démonte et qu'on transporte les chevalets sur pylônes ayant servi à l'appui du pont roulant pendant le montage du groupe d'arcs, pour les remonter dans la position qu'ils devront occuper pour le montage du groupe suivant. Nous avons déjà dit que cette opération exigeait sept journées, temps à peu près égal à celui qui est nécessaire pour monter la superstructure en acier laminé.

En résumé, la durée totale du montage d'un groupe de deux arcs, comptée depuis le jour du décintrement du groupe précédent, comporte, sans tenir compte des demi-journées perdues le dimanche ou des arrêts de travail dus aux intempéries :

Déplacement du chevalet d'appui	7 jours
— des cintres	2 —
Bardage des voussoirs, pose des sommiers de retombée	2 —
Montage { Assemblage des voussoirs . . .	2 —
Montage { Réglage des arcs	2 —
Scellement des sommiers, pose des contreventements provisoires.	4 —
Décintrement.	1 —
Total.	20 jours

En y faisant entrer les jours fériés et les pertes de temps dues aux intempéries, on arrive à une durée de 22 à 25 jours; cette vitesse de marche a été réalisée pour un certain nombre de groupes d'arcs, mais, à d'autres moments, il y a eu des périodes d'arrêt dues à ce que, contre toute attente, les aciers laminés n'ont pu être usinés de manière à alimenter le chantier.

Les opérations du montage des arcs ont été faites avec une grande régularité et leur réussite complète fait le plus grand honneur aux chantiers de MM. Schneider et Cie, à Chalon-sur-Saône, qui ont étudié et réalisé les outils de montage, puis les ont mis en service avec une précision remarquable, grâce à laquelle les travaux ont été achevés en temps voulu pour permettre l'inauguration du Pont par M. le Président de la République à l'ouverture de l'Exposition Universelle de 1900.

ÉVREUX, IMPRIMERIE DE CHARLES HÉRISSEY

LE PONT ALEXANDRE III, À PARIS.

Fig. 1. (Éch. 0,0025 par m.) Élévation générale.

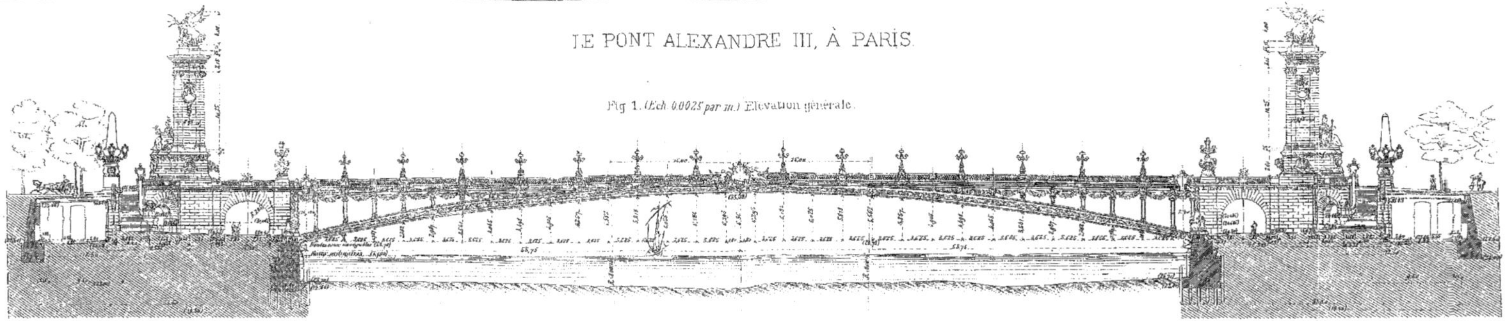

Fig. 2. (Éch. 0,0025 p.m.)

Rive gauche — suivant l'axe du Pont. — Coupe longitudinale. — dans la galerie de rive du trottoir. — Rive droite.

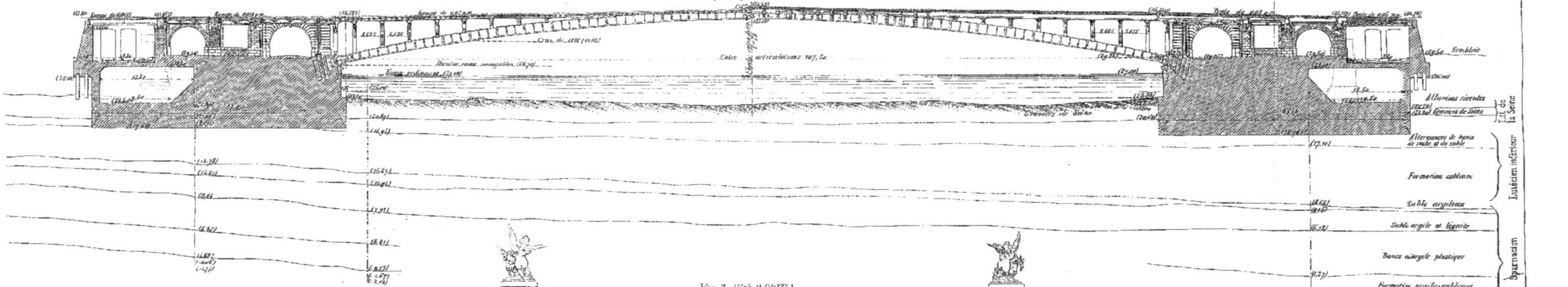

Remblais

Alluvions récentes

Graviers de Seine

Lit de la Seine

Alternances de bancs de roche et de sable

Formation sableuse

Lutécien inférieur

Sable argileux

Sable argile et lignite

Bancs d'argile plastique

Formation argilo-sableuse

Niveau des argiles panachées

Sparnacien

Fig. 3. (Éch. 0,00333)

Coupe transversale

avec vue des culées et des pylones

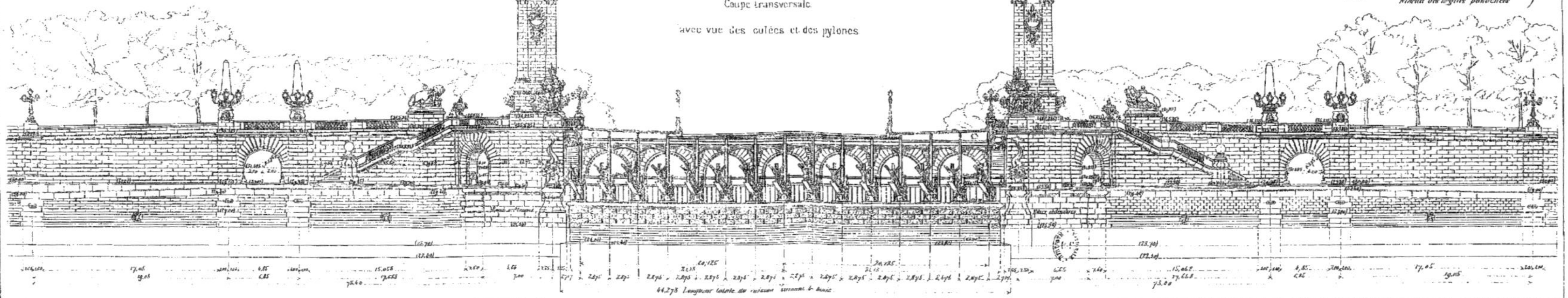

Ch. Béranger, éditeur, Successeur de Baudry et Cie, 15, rue des Saints-Pères, à Paris.

Autog. E. Gillet — Imp. Monrocq, Paris.

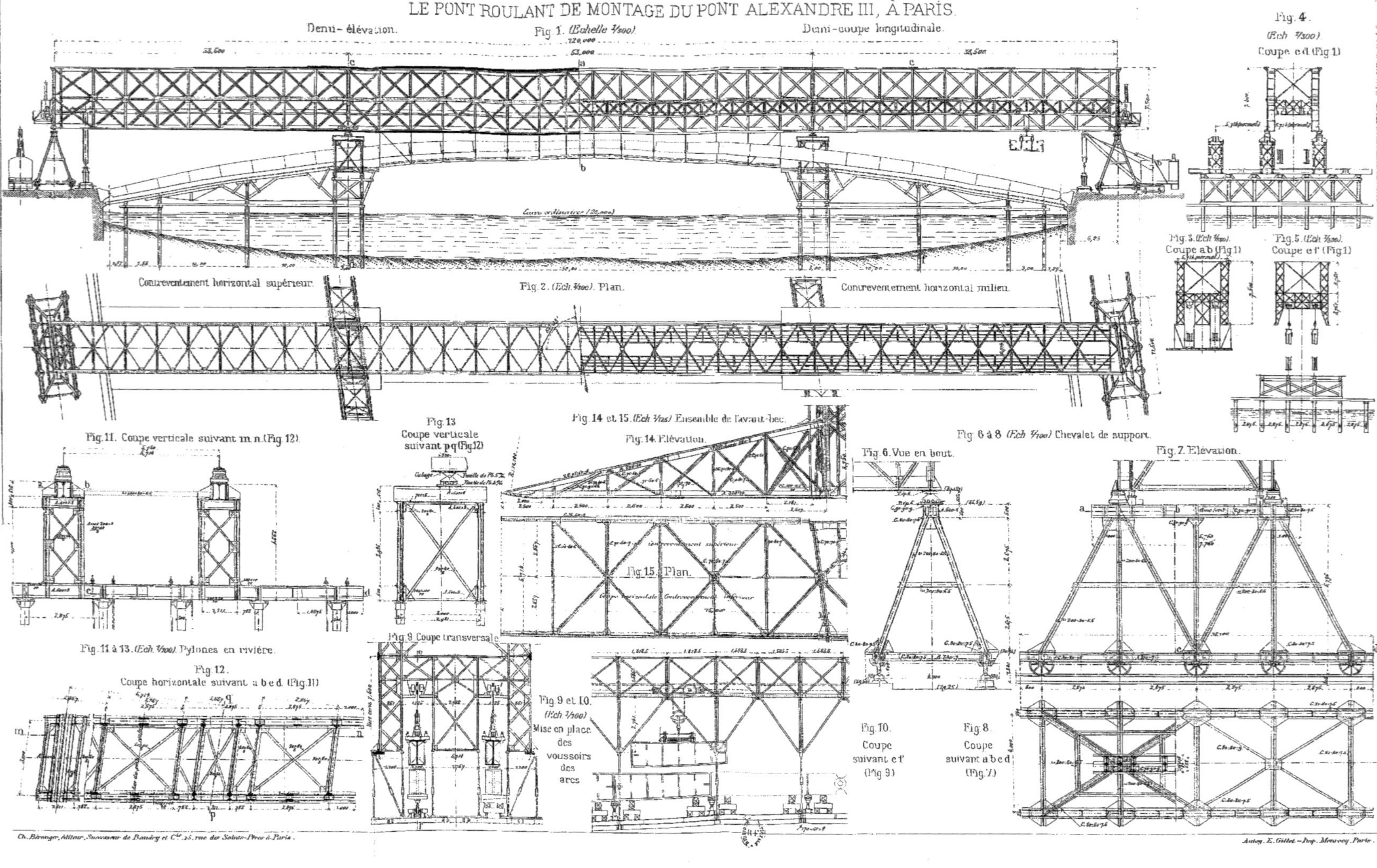

LE PONT ROULANT DE MONTAGE DU PONT ALEXANDRE III, À PARIS.
Demi-élévation.
Fig. 1. (Echelle 1/300)
Demi-coupe longitudinale.
Fig. 4. (Ech. 1/300) Coupe c d (Fig. 1)
Contreventement horizontal supérieur.
Fig. 2. (Ech. 1/300). Plan.
Contreventement horizontal milieu.
Fig. 3. (Ech. 1/300). Coupe a b (Fig. 1)
Fig. 5. (Ech. 1/300). Coupe e f (Fig. 1)
Fig. 11. Coupe verticale suivant m n (Fig. 12)
Fig. 13 Coupe verticale suivant p q (Fig. 12)
Fig. 14 et 15. (Ech. 1/125) Ensemble de l'avant-bec.
Fig. 14. Élévation.
Fig. 15. Plan.
Fig. 6 à 8 (Ech. 1/100) Chevalet de support.
Fig. 6. Vue en bout.
Fig. 7. Élévation.
Fig. 11 à 13. (Ech. 1/100). Pylones en rivière.
Fig. 12. Coupe horizontale suivant a b c d. (Fig. 11)
Fig. 9 Coupe transversale
Fig. 9 et 10. (Ech. 1/100) Mise en place des voussoirs des arcs
Fig. 10. Coupe suivant e f (Fig. 9)
Fig. 8. Coupe suivant a b c d (Fig. 7)
Ch. Béranger, éditeur, Successeur de Baudry et Cie, 15, rue des Saints-Pères à Paris.
Autog. E. Gillet. – Imp. Monrocq. Paris.

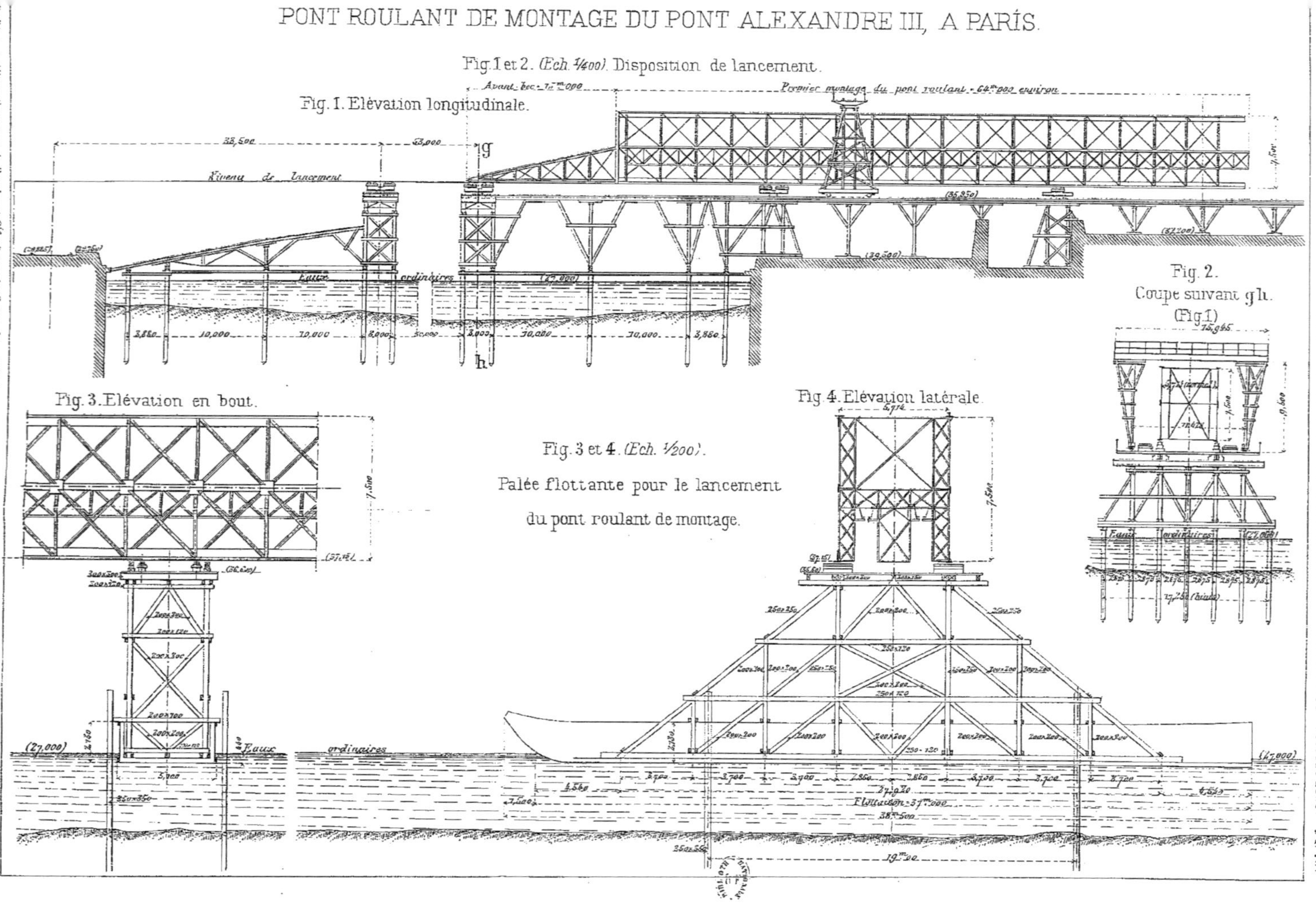

L. Béranger, Editeur, Successeur de Baudry et Cie, 15, rue des Saints-Pères, à Paris.
Autog. E. Gillet - Imp. Monrocq, Paris.

APPAREILS EMPLOYÉS POUR LE MONTAGE DES ARCS DU PONT ALEXANDRE III, À PARIS

Fig. 1 et 2. (Ech. 1/15). Ensemble du chariot A de montage des arcs.

Fig. 1. Élévation.

Fig. 2. Vue en plan.

Fig. 3. Coupe transversale suivant a b (Fig. 1).

Fig. 4. Coupe e f g h (Fig. 3).

Fig. 5. Coupe i j. (Fig. 3).

Fig. 6. Coupe suivt c d (Fig. 1).

Fig. 7. (Ech. 1/4). Extrémité du fuseau. Élévation. Plan.

Fig. 8. (Ech. 1/4). Attache du fuseau.

Fig. 3 à 6. (Ech. 1/4). Supports des brins de levage et de translation.

Légende des figures 1 à 8.

A. Chariot de montage des arcs.
B. Supports des brins de levage (Appareils complets).
C. Supports supérieurs des brins de translation.
D. Supports inférieurs des brins de translation.

Fig. 9. Élévation latérale.

Fig. 9 à 11. (Ech. 1/15). Position du palonnier pendant le montage du voussoir n° 15.

Fig. 11. Coupe transversale.

Fig. 12. (Ech. 1/15). Position du palonnier pendant le montage du voussoir n° 2.

Fig. 10. Plan.

Fig. 13. (Ech. 1/25). Flasques du guide-câble de la poulie de levage.

Fig. 14. (Ech. 1/25). Coupe suivant a b. (Fig. 10).

Fig. 15. (Ech. 1/25). Détails du plan. (Fig. 10).

Fig. 16. (Ech. 1/25). Vue en bout.

Fig. 17. (Ech. 1/25). Coupe c d (Fig. 16).

Fig. 18. (Ech. 1/25). Plan de la [illegible]

Fig. 19 à 23. (Ech. 1/6). Vérin pour le décalage des arcs.

Fig. 19. Coupe suivant a b (Fig. 20).

Fig. 20. Coupe e f g h. (Fig. 19).

Fig. 21. Coupe c d. (Fig. 19).

Fig. 22. Détail de l'écrou.

Fig. 23. Vue en dessous du boisseau.

Légende des fig. 19 à 23.

A. Boisseau — fer et acier.
B. Jeu de rondelles Belleville — acier.
C. Boulons-guide des rondelles Belleville, avec écrous — fer.
D. [illegible] rondelles — [illegible]
E. Chapeaux de vis — acier.
F. Écrous de vis, avec [illegible] — acier.
G. Couronnes-guide [illegible] — acier moulé.
H. Boulons de fixation des couronnes-guide au boisseau — acier.

www.ingramcontent.com/pod-product-compliance
Ingram Content Group UK Ltd.
Pitfield, Milton Keynes, MK11 3LW, UK
UKHW021021200726
13857UKWH00004B/1511

9 782012 936690